Bibliografische Information der Deutschen Nationalbibliothek:

Die Deutsche Bibliothek verzeichnet diese Publikation in der Deutschen National-
bibliografie; detaillierte bibliografische Daten sind im Internet über http://dnb.d-
nb.de/ abrufbar.

Impressum:

Copyright © 2009 GRIN Verlag, Open Publishing GmbH
Druck und Bindung: Books on Demand GmbH, Norderstedt Germany
ISBN: 9783668311442

Dieses Buch bei GRIN:

http://www.grin.com/de/e-book/341186/veranschaulichungsmittel-fuer-den-erstun-
terricht-mathematik-multiplikation

Anja Giffey

Veranschaulichungsmittel für den Erstunterricht Mathematik. Multiplikation und Division

GRIN Verlag

GRIN - Your knowledge has value

Der GRIN Verlag publiziert seit 1998 wissenschaftliche Arbeiten von Studenten, Hochschullehrern und anderen Akademikern als eBook und gedrucktes Buch. Die Verlagswebsite www.grin.com ist die ideale Plattform zur Veröffentlichung von Hausarbeiten, Abschlussarbeiten, wissenschaftlichen Aufsätzen, Dissertationen und Fachbüchern.

Besuchen Sie uns im Internet:

http://www.grin.com/

http://www.facebook.com/grincom

http://www.twitter.com/grin_com

Inhaltsverzeichnis

Einleitung

„Mathematisches Lernen, Denken und Verstehen beginnt nicht erst in der Schule."[1] Bereits in den ersten Lebensjahren erfahren Kinder die Bedeutung und Verwendung von Zahlen. Unbewusst eignen sie sich Ziffernkenntnisse an und benutzen diese im Alltag. Im arithmetischen Anfangsunterricht[2] soll an diese Vorerfahrungen angeknüpft werden. Das bedeutet, dass die Kinder dort abgeholt werden, wo sie auch stehen. Vorschulische Lernformen, wie manuelles Handeln, spontanes Experimentieren oder freies Spielen, werden aufgegriffen und sollen den Zugang zum Fach Mathematik erleichtern. Mit Freude und kindlicher Neugier entdecken die SchülerInnen 'die Welt der Zahlen'. Eine bedeutsame Rolle spielen hierbei die Arbeitsmaterialien. Durch die geeignete Verwendung werden die mathematischen Inhalte für die Kinder greifbar und verständlich. Sie fördern im hohen Maße die kognitive Entwicklung. Sogar der chinesische Philosoph Konfuzius erkannte dies und sagte: „Erzähle mir und ich vergesse, Zeige mir und ich erinnere, Lass es mich tun und ich verstehe."

Ziel dieser Ausarbeitung ist es, ausgewählte Veranschaulichungsmittel für den mathematischen Bereich der Multiplikation und Division aufzuzeigen. Zu Beginn wird auf die theoretische Grundlage dieser beiden Rechenoperationen eingegangen. Daran anschließend geht es um die Thematik „Arbeitsmaterialien für den arithmetischen Anfangsunterricht". Hierbei soll aufgezeigt werden, dass die sorgfältige Auswahl des Hilfsmittels von größter Bedeutung ist. Ein Kriterienkatalog kann bei einer Beurteilung äußerst nützlich sein. Die SchülerInnen sollen eine zusätzliche Hilfe erhalten und nicht verunsichert werden. Der Zweck ist demnach mehr als eindeutig! Nachfolgend werden Veranschaulichungsmaterialien vorgestellt, die sich gut für den Einsatz im arithmetischen Anfangsunterricht III eignen. Sowohl die Vor- als auch die Nachteile der einzelnen Arbeitsmittel werden ausführlich erläutert. Am Ende wird eine Schlussfolgerung zu der vorgestellten Thematik gezogen.

Lieselotte

---

[1] Klaus Hasemann: Anfangsunterricht Mathematik, Heideberg - Berlin 2007, S. VII.
[2] Der arithmetische Anfangsunterricht findet in den ersten beiden Schuljahren der Primarstufe statt und wird wie folgt gegliedert: Anfangsunterricht I → Zahlaspekte, Einführung der Zahlen; Anfangsunterricht II → Addition und Subtraktion, Aspekte der mathematischen Begriffsbildung; Anfangsunterricht III → Zahlbereichserweiterung, Multiplikation und Division.

1. Die Multiplikation und die Division

Die Multiplikation und die Division gehören neben der Addition und der Subtraktion zu den vier Grundrechenarten der Arithmetik. Sie werden zu Beginn des zweiten Schuljahres eingeführt und durch mehrmaliges Üben vertieft. Als integraler Bestandteil der Mathematik werden die Rechenoperationen stets aufgegriffen und auf einem höheren Niveau erneut behandelt. Auf diese Weise wird das Bewusstsein der SchülerInnen für Zusammenhänge geweckt und die „Nachhaltigkeit des Kompetenzerwerbs"[3] gefördert. Somit kommt ihnen eine Schlüsselbedeutung zu.

1.1 Die Multiplikation

Die Multiplikation entsteht aus der Addition gleicher Summanden, z.B. $2 + 2 + 2 = 3 \cdot 2 = 6$. Das Ergebnis solch einer Aufgabe bezeichnet man als Produkt, das aus den beiden Faktoren gewonnen wird. Während der erste Faktor als Multiplikator bezeichnet wird, handelt es sich beim Zweiten um den Multiplikand. Als Operationszeichen wird entweder das Malzeichen ($\times$) oder der hochgestellte Punkt ($\cdot$) verwendet. Eine Multiplikationsstruktur lässt sich immer in unterschiedlichen Sachzusammenhängen beschreiben. Für die einführende Behandlung im Unterricht eignen sich zwei verschiedene Modelle, die nachfolgend erläutert werden:

Lieselotte

· Zeitlich – sukzessive Anordnung

In diesem Fall entsteht das Ergebnis der Multiplikation Schritt für Schritt. Als Beispiel kann folgende Modellvorstellung dienen: „Jens geht viermal in den Keller und holt jeweils 3 Flaschen Saft herauf." Der gleiche Vorgang wiederholt sich mehrmals. Es ergibt sich also folgende Rechnung: $3 + 3 + 3 + 3 = 4 \cdot 3 = 12$. Der Zusammenhang zwischen Multiplikation und wiederholter Addition gleicher Summanden kann somit leicht hergestellt werden.[4]

dynamische

· Räumlich – simultane Anordnung

Im folgenden Beispiel wird keine Handlung mehr durchgeführt: „Auf dem Tisch stehen 3 Teller mit je 4 Broten." Die Gesamtmenge liegt von Anfang an vollständig vor und lässt sich aufgrund der räumlichen Anordnung auf einen Blick leicht überschauen. Die SchülerInnen

---

[3] Kerncurriculum für die Grundschule Jahrgänge 1-4 (Mathe), Land Niedersachsen 2006, S. 10.
[4] Vgl. Günter Krauthausen und Petra Scherer: Einführung in die Mathematikdidaktik, Heidelberg – Berlin 2003, S. 25-26.

sollen durch dieses Modell lernen, in den unterschiedlichsten Situationen vorhandene multiplikative Strukturen aufzudecken.[5]

Damit die SchülerInnen ein anschauliches Verständnis vom 'Malbegriff' gewinnen, sollte die Einführung der Multiplikation an alltäglichen Handlungssituationen erfolgen. Diese lassen sich leicht im Unterricht nachspielen. Beispielsweise greift die Lehrperson viermal in einen Beutel und holt jeweils zwei Murmeln heraus. Die SchülerInnen werden erkennen, dass sich die Multiplikation auf die bekannte Rechenoperation Addition zurückführen lässt. Um den Lernprozess zu optimieren, sollten die Kinder die Möglichkeit erhalten, sich auf verschiedenen Darstellungsebenen zu betätigen. Hierbei spricht man von dem E-I-S Prinzip[6]. Es soll den SchülerInnen helfen einen mathematischen Sachverhalt ganzheitlich zu erfassen. Eine weitere Hilfe, die sich besonders für die Einführungsphase anbietet, ist das Verfassen von Protokollen über die neuen Erkenntnisse. So würde sich für das oben angeführte Beispiel folgendes Schriftbild ergeben:

· *Darstellung*   ◯   ◯   ◯

                              ◯   ◯   ◯

· *Additionsaufgabe* $2 + 2 + 2 = 6$

· *Malaufgabe* $3 \text{ mal } 2 \quad = 6$ („Dafür können wir auch schreiben")

                    $3 \cdot 2 \quad = 6$ („oder noch kürzer")

Abschließend sei gesagt, dass sich anhand der Punktfelder die multiplikativen Strukturen besonders gut erkennen lassen. Die strukturierte Darstellung stellt somit einen erheblichen Vorteil dar.[7]

1.1.1 Die Bedeutung des kleinen Einmaleins

Die Beherrschung des Einmaleins ist grundlegend für den Erfolg im Mathematikunterricht. Um die komplexen schriftlichen Rechenverfahren der Multiplikation und Division erfolgreich

---

[5] Vgl. Hendrik Radatz und Wilhelm Schipper: Handbuch für den Mathematikunterricht an Grundschulen, Hannover 1983, S. 78.
[6] E-I-S Prinzip: E = enaktiv (konkrete Handlungen werden ausgeführt); I = ikonisch (Sachverhalte werden in Bildern dargestellt); S = symbolisch (Sachverhalte werden in Symbolen dargestellt)
[7] Vgl. Roland Keller und Beatrice Noelle Müller: Einführung der Multiplikation – eine spannende Lernlandschaft. Das zentrale Thema des zweiten Schuljahres, in: Die Neue Schulpraxis (2003), S. 11.

bewältigen zu können, müssen die einzelnen Reihen sicher im Wissen verankert sein.

Entsprechend den Angaben des Kerncurriculums werden folgende Kompetenzen am Ende des zweiten Schuljahres erwartet: Die SchülerInnen „geben die Kernaufgaben des kleinen 1×1 automatisiert wieder und leiten deren Umkehrungen und die Ergebnisse weiterer Aufgaben ab."[8] Das produktive Üben und das Auswendiglernen des Einmaleins haben somit größte Priorität im Mathematikunterricht der Grundschule.

Das

1.1.2 Die Rechengesetze

Das Rechnen mit Zahlen wird von den Gesetzen der Kommutativität, der Assoziativität und der Distributivität beherrscht. Im Folgenden sollen diese kurz erläutert werden: Bücherverbrennungen K

· Kommutativgesetz *(Vertauschungsgesetz)*

Bei der Addition und der Multiplikation kommt es für das Ergebnis nicht auf die Reihenfolge der Summanden oder Faktoren an. Beispielsweise ist: **a + b = b + a** und **a · b = b · a**. Diese beiden Rechenoperationen sind demnach kommutativ.[9]

· Assoziativgesetz *(Verbindungsgesetz)*

Werden drei Zahlen addiert, so kommt es nicht darauf an, in welcher Folge man die Additionen durchführt: **(a + b) + c = a + b + c = a + (b + c)**. Demnach dürfen wir in Summen Klammern setzen und weglassen, ohne dass sich das Ergebnis ändert. Entsprechendes gilt auch für die Multiplikation: **(a · b) · c = a · b · c = a · (b · c)**.

· Distributivgesetz *(Verteilungsgesetz)*

Für das gemeinsame Rechnen mit Addition und Multiplikation gelten die Distributivgesetze: Lieselotte

$$a \cdot (b + c) = a \cdot b + a \cdot c$$

und

$$(a + b) \cdot c = a \cdot c + b \cdot c$$

[8] Kerncurriculum für die Grundschule Jahrgänge 1-4 (Mathe), Land Niedersachsen 2006, S. 21.
[9] Vgl. [Autorenkollektiv]: Multiplikation und Division. Kurs für Grundschullehrer, Tübingen 1973, S. 19.

Dabei gilt immer die Regel: 'Punktrechnung geht vor Strichrechnung' und 'was in der Klammer steht, wird zuerst ausgewertet'.[10]

1.2 Die Division

Die Division ist die Umkehroperation zur Multiplikation. Sie kann als wiederholte Subtraktion gleicher Subtrahenden verstanden werden: 28 : 7 = 4, das heißt die 7 muss viermal von der 28 abgezogen werden, um auf null zu kommen [28 - 7 - 7 - 7 - 7 = 0]. Das Ergebnis einer Divisionsaufgabe nennt man Quotient, die Teilungszahl heißt Dividend und der Teiler wird als Divisor bezeichnet. Das Rechenzeichen der Division ist der Doppelpunkt (:). Ein besonderes Problem stellt das Rechnen mit der Null dar. Gerade bei der Einführung der Division passieren den SchülerInnen hierbei viele Fehler. Oft herrscht bei ihnen die Annahme, dass die Teilung durch Null verboten ist.[11] Das ist falsch! Korrekt ist, dass „die Gleichung 0 · x = 0 unendlich viele Lösungen hat und daher kein Quotient 0 : 0 definiert werden kann."[12] Es ist nicht ratsam, diesen mathematischen Sachverhalt im zweiten Schuljahr näher zu erläutern, da die Zusammenhänge zu komplex sind. Die Thematik „Division mit Rest" ist dagegen sehr viel einfacher zu behandeln. Leicht lassen sich Situationen erfinden, in denen Aufteil- und Verteilhandlungen[13] 'nicht aufgehen'. Beispielsweise hat man 18 Bonbons und will sie an 5 Kinder verteilen. Der Rechenweg und das Ergebnis lauten: 18 : 5 = 3 Rest 3. Wie auch schon bei der Einführung der Multiplikation, bietet sich hier das E-I-S Prinzip an.
Lieselotte

2. Arbeitsmaterialien für den arithmetischen Anfangsunterricht

Arbeitsmaterialien sind für den arithmetischen Anfangsunterricht unerlässlich. Sie dienen dazu, den SchülerInnen Anregungen zu geben. Durch ihre Hilfe entdecken die Kinder mathematische Strukturen und vertiefen diese. Auch Piaget kam zu dieser Erkenntnis und sagte: „Denken ist verinnerlichtes Handeln."[14] Die Lernprozesse erfolgen aber keineswegs von selbst, sondern verlangen von den SchülerInnen eigene gedankliche Anstrengungen. Auch das beste Material ist keine Erfolgsgarantie.[15] Entscheidend ist der bewusste Umgang

---

[10] Ebd. 22-23.
[11] Vgl. Hasemann: Anfangsunterricht Mathematik, S. 130.
[12] [Autorenkollektiv]: Multiplikation und Division, S. 49.
[13] Hierbei handelt es sich um zwei verschiedene Grundvorstellungen, mit denen jeweils eine andere Handlungserfahrung verbunden ist. Während das Verteilen beispielsweise nach der 'Größe der Portionen' fragt, geht es beim Aufteilen um die 'Anzahl der Portionen'.
[14] zit. nach: Jean Piaget: Die Genese der Zahl beim Kind, in: Rechenunterricht und Zahlbegriff. Die Entwicklung des kindlichen Zahlbegriffs und ihre Bedeutung für den Rechenunterricht, Jean Piaget (Hrsg.), Braunschweig 1964, S. 72.
[15] Vgl. Friedhelm Padberg: Didaktik der Arithmetik für Lehrerausbildung und Lehrerfortbildung, München 2005, S. 51.

mit Veranschaulichungsmitteln, der jedoch erst erlernt werden muss. Jedes Material ist ein zusätzlicher Lernstoff. Aus diesem Grund sollte es strikt vermieden werden, den SchülerInnen zahlreiche, strukturell unterschiedliche Arbeitsmaterialien bereitzustellen. Die Auswahl sollte – ganz nach dem Motto: „Weniger ist mehr!" – auf ein zentrales Arbeitsmittel begrenzt werden. „Allerdings ist nicht das Material selbst entscheidend, sondern die Art der Handlungen an ihm hat weitreichende Konsequenzen für das Gelingen oder Misslingen von Lernprozessen."[16] Kurzum: Falsch eingeübte Strategien können zu erheblichen Rechenschwierigkeiten führen. Das gilt es zu verhindern! Zusammengefasst haben die Arbeitsmaterialien folgende Aufgaben: Sie sollen SchülerInnen „bei der weiteren Entwicklung und Festigung des Zahlenverständnisses, der Rechenfähigkeit und der Rechenfertigkeit helfen"[17] und die Vorkenntnisse der Kinder aufgreifen sowie erweitern. Schritt für Schritt kann sich so ein mathematisches Verständnis entwickeln. Mit der Zeit werden die Arbeitsmaterialien für die Kinder 'überflüssig'. Sie sind dann fähig, Rechenoperationen auch ohne ihre Hilfe zu lösen.

2.1 Unterscheidung des Materials

Arbeitsmaterialien können unterschiedlich gestaltet sein. Im arithmetischen Anfangsunterricht finden sowohl die unstrukturierten als auch die strukturierten Lernhilfsmittel Verwendung. Mit unstrukturierten Materialien, wie zum Beispiel Wendeplättchen und Steckwürfeln, können Zahlen durch das Legen einzelner Objekte dargestellt werden. Sie ermöglichen das zählende Rechnen im Zahlenraum bis 10. Sobald dieser überschritten wird, sollten andere Materialien eingesetzt werden, die die Kinder von zählenden Rechenstrategien wegführen. Hierfür

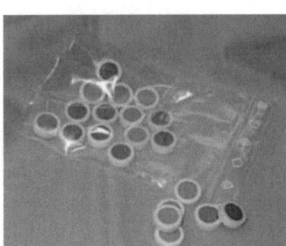

Abbildung 1: Wendeplättchen

Abbildung 2: Steckwürfel

[16] Wilhelm Schipper: Arbeitsmittel für den arithmetischen Anfangsunterricht. Kriterien zur Auswahl, in: Die Grundschulzeitschrift (1996), S. 15.
[17] Ebd.

Vor allem der Einsatz von strukturiertem Material bietet sich hierfür an, da die Darstellung größerer Zahlen durch Ganzheiten erfolgt. Zum Beispiel kann die Zahl 7 durch einen Siebener-Zahlenstreifen, der mit einem Mal gegriffen werden kann, repräsentiert werden. Eine weitere Möglichkeit der Zahldarstellung bieten die Cuisenaire-Stäbe, die nur durch die Farben unterscheidbar sind. Die strukturierten Materialien fördern also durch ihre spezifische Größe, Form und Farbe eine quasi-simultane Zahlenauffassung.

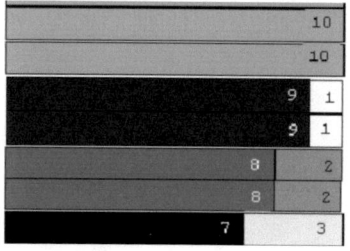

Abbildung 3: Zahlenstreifen   **Abbildung 4: Cuisenaire-Stäbe**

Des Weiteren können sich die Arbeitsmittel in ihrer Herstellung unterscheiden. Man spricht entweder von natürlichen oder künstlichen Materialien. Zu der ersten Typisierung gehören Lernhilfsmittel, die aus dem Lebensalltag der Kinder stammen und immer verfügbar sind (zum Beispiel Stifte). Ihr Vorteil besteht darin, dass sie sehr kostengünstig sind. Dies trifft nicht auf die künstlichen Materialien zu, die in den Fabriken angefertigt werden. Hierzu gehören: die Wendeplättchen, die Steckwürfel, die Zahlenstreifen und die Cuisenaire-Stäbe. Lieselotte

2.2 Auswahlkriterien

Gegenwärtig existieren auf dem Markt zahlreiche Arbeitsmaterialien. Nicht immer ist es für die Lehrpersonen leicht, hier die richtige Auswahl zu treffen. Ein Kriterienkatalog kann bei einer Beurteilung äußerst hilfreich sein. Neben didaktischen Fragestellungen stehen auch unterrichtspraktische Überlegungen zur Handhabbarkeit und Haltbarkeit im Vordergrund. Im Folgenden werden die einzelnen Kriterien, die der sorgfältigen Auswahl von Arbeitsmitteln dienen, kurz aufgeführt:

D	Didaktische Kriterien
D1	Erlaubt das Material zählende Zahlauffassung, zählende Zahldarstellung und zählendes Rechnen?
D2	Erlaubt das Material quasi-simultane Zahlauffassung und Zahldarstellung bis 10 bzw. 20?

<table>
<tr><td>**D3**</td><td>Unterstützt das Material die Ablösung vom zählenden Rechnen?</td></tr>
<tr><td>**D4**</td><td>Erlaubt das Material Handlungen, die operative Strategien des Rechnens im Zahlenraum bis 20 entwickeln helfen?</td></tr>
<tr><td>**D5**</td><td>Erlaubt das Material den Kindern die Entwicklung unterschiedlicher, individueller Lösungswege?</td></tr>
<tr><td>**D6**</td><td>Gibt es zu dem Material strukturgleiche Fortsetzungen für das Rechnen im Zahlenraum bis 100?</td></tr>
<tr><td>**D7**</td><td>Gibt es zu dem Schülermaterial passendes Demonstrationsmaterial?</td></tr>
</table>

P	**Unterrichtspraktische Kriterien**
P1	Ist das Material für die Kinder leicht handhabbar?
P2	Kann das Material auch von Erstklässlern schnell bereitgestellt und geordnet wieder weggeräumt werden?
P3	Ist das Material haltbar?
W	**Weitere Kriterien (ökologischer und finanzieller Aspekt)**
W1	Ist das Arbeitsmittel aus Naturprodukten hergestellt?
W2	Ist das Material seinen Preis wert?

Abbildung 5: Kriterienkatalog zur Beurteilung[18]

Anhand dieser Kriterien können Arbeitsmaterialien unter der Kategorie, 'trifft genau zu' bis 'trifft gar nicht zu', bewertet werden. Die Lehrperson darf bei der Arbeit mit Materialien nie die Zielsetzung aus den Augen verlieren. Sonst besteht die Gefahr, dass sich der Umgang mit Veranschaulichungsmitteln leicht verselbstständigt und zum Selbstzweck wird! Um dies zu verhindern, muss sich die Lehrkraft an den einzelnen Themenschwerpunkten orientieren. Beispielsweise sollte sie sich fragen, ob es um das Kennen lernen von Zahlen geht oder um die Einführung des Rechnens. Bei Berücksichtigung dieser Ratschläge, sollte ein erfolgreicher Mathematikunterricht durchaus gelingen.

3. Arbeitsmaterialien für den arithmetischen Anfangsunterricht III

Meine Kommilitonin Marei Merbach und ich haben zu der Thematik: „Herstellung von Arbeitsmaterialien zum arithmetischen Anfangsunterricht III" eine Seminarstunde durchgeführt. Hierzu haben wir uns im Vorfeld ausgiebig Gedanken gemacht. Es war uns

---

[18] Schipper: Arbeitsmittel für den arithmetischen Anfangsunterricht, S. 16.

wichtig Materialien auszusuchen, die in der schulischen Praxis sinnvoll eingesetzt werden können. Zudem sollten die Arbeitsmittel leicht herstellbar sowie kostengünstig sein. In den folgenden Abschnitten werden die ausgewählten Materialien zur Multiplikation und Division vorgestellt. Anschließend werden in einer Tabelle ihre Vor- und Nachteile aufgezeigt. Lieselotte

3.1 Domino und Memory

Wer kennt sie nicht die altbekannten Kinderspiele Domino und Memory? Jahrelang haben wir sie begeistert mit unseren Freunden gespielt und wären nie auf die Idee gekommen, dass sie auch im Fach Mathematik Verwendung finden könnten. Dabei liegt dies so nah! Die Spiele eignen sich hervorragend für den projektorientierten Unterricht. Je nach Zweck lassen sie sich leicht abändern und sind variabel einsetzbar. Dies trifft auch auf den Themenbereich: „Multiplikation und Division" zu. Beispielsweise müssen die Kinder beim Domino die einzelnen Aufgaben an das richtige Ergebnis anlegen. Das Memory kann ebenfalls für beide Rechenoperationen verwendet werden. Hier müssen die Kinder abwechselnd zwei beliebige Spielkarten, die verdeckt vor ihnen liegen, umdrehen. Ziel ist es, so genannte 'Pärchen' zu finden. Alle Rechenaufgaben müssen also ihrem Ergebnis zugeordnet werden. Gewonnen hat das Kind, das am Ende die meisten Karten besitzt. Anhand einer Vorlage lassen sich die Spiele leicht selbst erstellen.

Vorteile	*Nachteile*
➢ geringer Materialaufwand	➢ fehlende Überprüfungsmöglichkeit
➢ fördert das selbstständige Üben	
➢ spielerisches Lernen → Motivation	
➢ variable Aufgabenmöglichkeiten (z.B. Schwierigkeitsgrad)	
➢ einsetzbar in der Freiarbeit	
➢ erworbenes Wissen kann geübt und gefestigt werden	
➢ ermöglichen Differenzierungen	

3.2 Multiplikationsscheibe

Auf der Multiplikationsscheibe ist das kleine Einmaleins dargestellt. Durch das Drehen der Scheibe können die SchülerInnen die einzelnen Reihen einüben und sogleich die Ergebnisse überprüfen.

Vorteile	Nachteile
➢ spielerisches Lernen ➢ fördert das selbständige Üben ➢ einsetzbar in der Freiarbeit ➢ Überprüfungsmöglichkeit vorhanden ➢ zur Vertiefung und Festigung geeignet	➢ hoher Materialaufwand ➢ relativ aufwendige Herstellung

3.3 Einmaleins-Buch

Dieses Arbeitsmaterial stammt aus dem bekannten Projektbuch: „Einmaleins: So geht's!" von der Autorin Andrea Richart. Durch die spannenden Geschichten der Elefantin Elli soll den Kindern die Wichtigkeit des kleinen Einmaleins vermittelt werden. Das Projektbuch beinhaltet zahlreiche Übungen, die das Erlernen der 1 × 1 Reihen unterstützen. Als besonders hilfreich erweist sich hierbei das so genannte Einmaleins-Buch, das nach seiner Fertigstellung als Nachschlagewerk dienen kann.

Vorteile	Nachteile
➢ spielerisches Lernen ➢ fördert Kreativität ➢ einsetzbar in der Freiarbeit	➢ fehlende Überprüfungsmöglichkeit

3.4 Legekärtchen

Die Legekärtchen stammen ebenfalls aus dem Projektbuch: „Einmaleins: So geht's!". Ihr größter Vorteil besteht darin, dass sie vielfältig einsetzbar sind. Beispielsweise können sie Lehrpersonen zunächst als Magnettafelmaterial für die Einführung der 1 × 1 Reihen dienen. Dies bietet sich vor allem deshalb an, weil sie durch ihre bildhaften Darstellungen sowohl das zählende Rechnen als auch die simultane Zahlenauffassung unterstützen. Später können die

Kinder sie als Legematerial in den freien Lernphasen benutzen, um das Wissen zu vertiefen.

Lieselotte

Vorteile	Nachteile
➤ spielerisches Lernen ➤ besonders für die Einführung der Multiplikation geeignet ➤ einsetzbar in der Freiarbeit ➤ erworbenes Wissen kann geübt und gefestigt werden	➤ hoher Materialaufwand ➤ relativ aufwendige Herstellung ➤ einige Beispiele nicht übersichtlich

Fazit

Die vorliegende Ausarbeitung hat gezeigt, wie wichtig der Einsatz von Arbeitsmaterialien im arithmetischen Anfangsunterricht ist. Veranschaulichungsmittel ermöglichen den Kindern entdeckendes Lernen und helfen ihnen mathematische Sachverhalte besser zu verstehen. Dadurch gewinnen die SchülerInnen mehr Vertrauen in ihre eigenen Fähigkeiten.

Des Weiteren ist deutlich geworden, dass der Umgang mit Arbeitsmitteln von den Kindern zunächst erlernt werden muss. Die SchülerInnen sollten hierfür ausreichend Zeit erhalten.[19] Es ist ratsam, bereits im Vorfeld ein zentrales Arbeitsmittel für den Erstunterricht auszuwählen. Denn jedes neue Material ist auch ein neuer Lernstoff! Vorzugsweise sollten Arbeitsmittel angeboten werden, die verschiedene Handlungen ermöglichen sowie die quasi-simultane Zahlauffassung fördern. In unserer Seminarstunde haben wir dies getan. Mit großem Eifer haben die Studierenden die Arbeitsmittel, die wir für den Themenbereich der Multiplikation und Division vorgestellt haben, nachgebastelt. Auch wenn die Herstellung der Materialien viel Zeit und Mühe gekostet hat, so wurde uns mehrfach bestätigt, dass es sich durchaus gelohnt habe.

Abschließend möchte ich sagen, dass mir das Seminar „Erstunterricht Mathematik" sehr geholfen hat. Ich habe viel über die Aufgaben und Ziele des Anfangsunterrichts erfahren und fühle mich über die Inhalte gut informiert.

---

[19] Vgl. Jürgen Floer: Wie kommt das Rechnen in den Kopf? Veranschaulichungen und Handeln im Mathematikunterricht, in: Die Grundschulzeitschrift (1995), S. 39.

Literaturverzeichnis

[Autorenkollektiv]: Multiplikation und Division. Kurs für Grundschullehrer, Tübingen 1973.

Floer, Jürgen: Wie kommt das Rechnen in den Kopf? Veranschaulichungen und Handeln im Mathematikunterricht, in: Die Grundschulzeitschrift (1995), S. 20-39.

Hasemann, Klaus: Anfangsunterricht Mathematik, Heideberg - Berlin 2007.

Keller, Roland und Beatrice Noelle Müller: Einführung der Multiplikation – eine spannende Lernlandschaft. Das zentrale Thema des zweiten Schuljahres, in: Die Neue Schulpraxis (2003), S. 10-16.

Kerncurriculum für die Grundschule Jahrgänge 1-4 (Mathe), Land Niedersachsen 2006.

Krauthausen, Günter und Petra Scherer: Einführung in die Mathematikdidaktik, Heidelberg – Berlin 2003.

Padberg, Friedhelm: Didaktik der Arithmetik für Lehrerausbildung und Lehrerfortbildung, München 2005.

Piaget, Jean: Die Genese der Zahl beim Kind, in: Rechenunterricht und Zahlbegriff. Die Entwicklung des kindlichen Zahlbegriffs und ihre Bedeutung für den Rechenunterricht, Jean Piaget (Hrsg.), Braunschweig 1964.

Radatz, Hendrik und Wilhelm Schipper: Handbuch für den Mathematikunterricht an Grundschulen, Hannover 1983.

Schipper, Wilhelm: Arbeitsmittel für den arithmetischen Anfangsunterricht. Kriterien zur Auswahl, in: Die Grundschulzeitschrift (1996), S. 26-41.

Materialien

Richart, Andrea: Einmaleins: So geht's. Lern- und Merkgeschichten mit Arbeitsblättern, Mülheim an der Ruhr 2002.

[http://vs-material.wegerer.at/mathe/pdf_m/mal/multiplikationsscheibe.pdf, 25. 06.09].